写给农村交通安全协管员

畅行安全路
幸福奔小康
——农村交通安全知识手册

公安部交通管理局　编

U0269549

人民交通出版社股份有限公司
China Communications Press Co.,Ltd.

内 容 提 要

本书分为上下两篇，上篇为农村安全出行基本常识，内容包括机动车驾驶人安全行车知识、乘车人、行人和非机动车驾驶人安全出行知识；下篇为农村交通安全协管员工作指南，内容包括农村交通安全协管员的工作职责、工作内容。书后附有农村道路交通安全宣传标语、常用道路交通标志与交通信号灯、违法记分项目、通讯录、2019年—2021年日历。

本书可供农村交通安全协管员使用，也可供农村管理工作者及广大农民朋友阅读参考。

图书在版编目（CIP）数据

畅行安全路　幸福奔小康：农村交通安全知识手册 / 公安部交通管理局编．—北京：人民交通出版社股份有限公司，2016.12
　　ISBN 978-7-114-13488-3

　　Ⅰ．①畅…　Ⅱ．①公…　Ⅲ．①农村道路 – 交通运输安全 – 手册　Ⅳ．① X951-62

中国版本图书馆 CIP 数据核字 (2016) 第 280855 号

Changxing Anquan Lu Xingfu Ben Xiaokang Nongcun Jiaotong Anquan Zhishi Shouce

书　　名：畅行安全路　幸福奔小康——农村交通安全知识手册
著　作　者：公安部交通管理局
责任编辑：杨丽改　何　亮
出版发行：人民交通出版社股份有限公司
地　　址：（100011）北京市朝阳区安定门外外馆斜街 3 号
网　　址：http://www.ccpress.com.cn
销售电话：（010）59757973
总 经 销：人民交通出版社股份有限公司发行部
经　　销：各地新华书店
印　　刷：北京市密东印刷有限公司
开　　本：880×1230　1/32
印　　张：3
字　　数：70 千
版　　次：2016 年 12 月　第 1 版
印　　次：2018 年 11 月　第 2 次印刷
书　　号：ISBN 978 - 7 - 114 - 13488 - 3
定　　价：15.00 元
（有印刷、装订质量问题的图书由本公司负责调换）

前　言

　　随着我国经济社会的发展，社会主义新农村建设进程快速推进，农村道路交通快速发展，农民出行方式发生了巨大变化，由过去主要以摩托车、自行车为主向摩托车、电动自行车、小汽车、面包车等多元化交通出行方式转变。出行方式的多元化大大方便了农村群众的出行，但同时也给农村道路交通安全带来了新的挑战。农村道路交通安全关系到广大农民的生命和财产安全，与农村经济社会的和谐发展密切相关。

　　同时，我国广大农村地区还活跃着一支特殊的交通安全教育队伍——农村交通安全协管员（劝导员）。他们扎根农村，宣传交通安全知识，劝阻交通违法行为，热情服务乡邻。

　　为帮助广大农民朋友增强法治交通和文明交通理念，提升交通安全意识和自我保护能力，同时，也为了帮助农村交通安全协管员更好地尽职履责，推动形成自觉遵守交通法规的社会风尚，减少交通违法行为及由此引发的道路交通事故，公安部交通管理局组织编写了《畅行安全路　幸福奔小康——农村交通安全知识手册》。本手册针对农村常见交通违法行为，总结了各类浅显易懂的交通安全出行知识，编制了农村交通安全协管员工作指南。希望本书能够引导广大农民朋友平平安安出行，助力农村幸福奔小康！

公安部交通管理局

2016年12月

目 录

上篇 农村安全出行基本常识

附　录

上篇

农村安全出行基本常识

带着平安上路，载着幸福回家
十次车祸九次快，驾车切莫逞英雄
人人讲交通安全，家家才幸福平安

一、机动车驾驶人安全行车知识

1 取得牌证、合法驾驶

办齐牌证再上路　购买保险更安心

　　驾驶机动车应当依法取得符合准驾车型的驾驶证，并且随身携带驾驶证，悬挂机动车号牌，遵守道路交通安全法律、法规，按照操作规范安全驾驶、文明驾驶。无证驾驶，伪造、变造或者使用伪造、变造的机动车号牌、行驶证、驾驶证等都是严重的违法行为。

　　驾驶人驾驶机动车上路前应办齐机动车号牌和驾驶证，并购买保险，让出行更安全、安心。

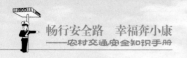

相关法律法规

《中华人民共和国刑法修正案（九）》：伪造、变造、买卖驾驶证的，处3年以下有期徒刑、拘役、管制或者剥夺政治权利，并处罚金；情节严重的，处3年以上7年以下有期徒刑，并处罚金；在依照国家规定应当提供身份证明的活动中，使用伪造、变造或者盗用他人驾驶证的，情节严重的，处拘役或者管制，并处或者单处罚金。

《中华人民共和国道路交通安全法》：驾驶人未取得驾驶证驾驶机动车的，处200元以上2000元以下罚款，可以并处15日以下拘留。伪造、变造或者使用伪造、变造的机动车登记证书、号牌、行驶证、驾驶证的，由公安机关交通管理部门予以收缴，扣留该机动车，处15日以下拘留，并处2000元以上5000元以下罚款；构成犯罪的，依法追究刑事责任。

《机动车驾驶证申领和使用规定》：使用伪造、变造的机动车号牌、行驶证、驾驶证、校车标牌或者使用其他车辆机动车号牌、行驶证的，一次记12分；未随车携带行驶证、机动车驾驶证的，一次记1分。

2 系好安全带，佩戴安全头盔

安全带就是生命带　戴好头盔保安全

　　驾驶机动车不系安全带、驾驶摩托车不戴安全头盔是很危险的行为。车辆发生碰撞、紧急制动或侧翻时，安全带能将驾乘人员固定在座椅上，有效减少事故伤害，关键时刻还能挽救生命。骑摩托车佩戴安全头盔则能够有效减少头部伤害。

　　统计数据显示，使用安全带可使驾驶人和前排乘客遭受伤害的风险降低40%~50%，使后排乘客的致命伤害风险降低25%~75%。佩戴安全头盔则能将死亡风险降低40%，将严重伤害风险降低40%以上。

 相关法律法规

　　《中华人民共和国道路交通安全法》：机动车行驶时，驾驶人、乘坐人员应当按规定使用安全带，否则将处警告或者20元以上200元以下罚款。

　　《中华人民共和国道路交通安全法》：摩托车驾驶人及乘坐人员应当按规定戴安全头盔。

　　《机动车驾驶证申领和使用规定》：驾驶两轮摩托车，不戴安全头盔的，一次记2分。驾驶机动车在高速公路或者城市快速路上行驶时，驾驶人未按规定系安全带的，一次记2分。

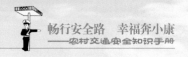

3 饮酒后不开车

酒后驾车危害大 饮酒之后不开车

酒后驾车是严重的违法行为。饮酒会导致驾驶人触觉能力、判断能力和操作能力降低，引起视觉障碍和身体疲劳，轻者与道路上的其他车辆或人员发生剐蹭，重者危及他人和自身的生命财产安全。而摩托车本身稳定性差，驾驶人饮酒后因注意力不集中、身体平衡感减弱等，极易引发交通事故，造成车毁人亡的悲剧。切记饮酒不驾车、驾车不饮酒！

算算酒驾账

饮酒驾驶：酒精含量达到或超过20mg/100mL，小于80mg/100mL。

醉酒驾驶：酒精含量达到或超过80mg/100mL。

1. 驾驶非运营机动车

饮酒驾驶直接成本：驾驶证记12分+暂扣6个月机动车驾驶证+1000～2000元罚款。

一次饮酒被处罚再次饮酒的：10日以下拘留+1000～2000元罚款+吊销机动车驾驶证。

醉酒驾驶直接成本：约束至酒醒+吊销驾驶证+5年内不得重新取得机动车驾驶证+追究刑事责任。

2. 驾驶营运机动车

饮酒驾驶直接成本：处15日拘留+5000元罚款+吊销驾驶

证＋5年内不得重新取得机动车驾驶证。

醉酒驾驶直接成本：约束至酒醒＋吊销机动车驾驶证＋追究刑事责任＋10年内不得重新取得机动车驾驶证＋重新取得驾驶证后不得驾驶营运机动车。

3. 酒驾发生重大交通事故构成犯罪

直接成本：追究刑事责任＋吊销机动车驾驶证＋终生禁驾。

 相关法律法规

《中华人民共和国刑法修正案（九）》：醉酒驾驶机动车的处拘役，并处罚金。

《中华人民共和国道路交通安全法》：饮酒后驾驶机动车的，处暂扣6个月机动车驾驶证，并处1000元以上2000元以下罚款，因饮酒后驾驶机动车被处罚，再次饮酒后驾驶机动车的，处10日以下拘留，并处1000元以上2000元以下罚款，吊销机动车驾驶证。

醉酒驾驶机动车的，由公安机关交通管理部门约束至酒醒，吊销机动车驾驶证，依法追究刑事责任；5年内不得重新取得机动车驾驶证。

饮酒后驾驶营运机动车的，处15日拘留，并处5000元罚款，吊销机动车驾驶证，5年内不得重新取得机动车驾驶证。

醉酒驾驶营运机动车的，由公安机关交通管理部门约束至酒醒，吊销机动车驾驶证，依法追究刑事责任；10年内不得重新取得机动车驾驶证，重新取得机动车驾驶证后，不得驾驶营运机动车。

饮酒后或者醉酒驾驶机动车发生重大交通事故，构成犯罪的，依法追究刑事责任，并由公安机关交通管理部门吊销机动车驾驶证，终生不得重新取得机动车驾驶证。

《机动车驾驶证申领和使用规定》：饮酒后驾驶机动车的一次记12分。

4　客运车辆不超员

超员行驶负荷重　严格控制载客量

　　客车超员不仅影响车辆使用寿命，而且还会严重危及行车安全。客车超员后，轮胎负荷加重，制动距离延长，影响车辆转向性能与制动效能，严重超员还会因轮胎变形而爆胎。同时，超员客车一旦发生事故，会加重事故后果。

　　有些农民朋友经常驾驶微型面包车载亲朋好友集中出行。微型面包车车身结构强度不足，制动性能和侧倾稳定性差，若超员行驶，会影响车辆的安全性能，加之农村地区道路狭窄，陡坡、急弯较多，容易发生侧翻、制动失灵等问题，严重时会造成群死群伤的恶性交通事故。

6 货运车辆不超载

超载运输惹灾祸 货物装载守规定

货运车辆超载，会导致轮胎因负荷过重而变形甚至爆裂，还容易使车辆转向困难、制动失灵，容易导致交通事故。货物超载还会导致车辆重心升高，翻车风险增大。因此，为了自己和他人的安全，切勿超载运输货物。

 相关法律法规

《中华人民共和国道路交通安全法》：机动车载物应当符合核定的载质量，严禁超载；载物的长、宽、高不得违反装载要求。货运机动车超过核定载质量的，处200元以上500元以下罚款；超过核定载质量30%或者违反规定载客的，处500元以上2000元以下罚款。

《机动车驾驶证申领和使用规定》：驾驶货车载物超过核定载质量30%以上或者违反规定载客的，一次记6分；驾驶货车载物超过核定载质量未达30%的，一次记3分。

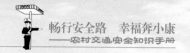
7 通过路口减速避让行人

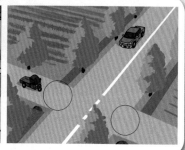

十次事故九次快 遵章守法不超速

　　农村公路机动车与自行车、行人等混行，同时由于公路等级低，道路交通标志标线不健全，弯道多，路面较窄，路口处直角死弯较多，并有树木、墙壁或其他杂物遮挡，驾驶人和行人的视线较差，影响行进时的判断，高速行驶易发生交通事故。驾驶人通过农村路口没有交通信号灯时，需提高警惕，仔细观察，减速慢行，谨慎行车；通过有交通信号灯的路口，要严格按照交通信号灯的指示行车。

 事 故 案 例

　　2014年1月15日，海南省定安县黄竹镇西埔村乡道上，72岁的吴某无证驾驶自家的一辆无牌无证摩托车到镇上喝茶，途经村口拐弯处时，由于车速过快，且路边有较高的草丛阻挡弯道视野，吴某未及时发现前面来车，躲闪不及撞上了对向行驶的一辆三轮摩托车，导致吴某倒地不省人事，经抢救无效死亡。

相关法律法规

《中华人民共和国刑法修正案（九）》：在道路上驾驶机动车，从事校车业务或者旅客运输，严重超过规定时速行驶的处拘役，并处罚金。

《中华人民共和国道路交通安全法》：机动车行驶超过规定时速50%的，处200元以上2000元以下罚款。

《机动车驾驶证申领和使用规定》：驾驶中型以上载客载货汽车、校车、危险物品运输车辆在高速公路、城市快速路上行驶超过规定时速20%以上或者在高速公路、城市快速路以外的道路上行驶超过规定时速50%以上，以及驾驶其他机动车行驶超过规定时速50%以上的，一次记12分；驾驶中型以上载客载货汽车、校车、危险物品运输车辆在高速公路、城市快速路上行驶超过规定时速未达20%的，驾驶中型以上载客载货汽车、校车、危险物品运输车辆在高速公路、城市快速路以外的道路上行驶或者驾驶其他机动车行驶超过规定时速20%以上未达到50%的，一次记6分；驾驶中型以上载客载货汽车、危险物品运输车辆在高速公路、城市快速路以外的道路上行驶或者驾驶其他机动车行驶超过规定时速未达20%的，一次记3分。

8　客货不得混装

客货混装易伤人　规范运输才安全

客货混装是严重的违法行为。无论是货车还是客车，客货混装行驶都会严重影响行车安全，在运输过程中，易发生货物捆绑不牢、滑移等现象而挤伤人。一旦遇到紧急制动或者急转弯时，不仅易引发货物倾倒压伤乘车人员，还极易因货物滑移至一侧使车辆重心偏移，导致翻车等交通事故。

相关法律法规

《中华人民共和国道路交通安全法》：客运机动车不得违反规定载货；禁止货运机动车载客；客运机动车违反规定载货的，处500元以上2000元以下罚款。货运机动车违反规定载客的，处500元以上2000元以下罚款。

《中华人民共和国道路交通安全法实施条例》：载客汽车除车身外部的行李架和内置的行李箱外，不得载货。载货汽车车厢不得载客。

《机动车驾驶证申领和使用规定》：驾驶货车违反规定载客的，一次记6分。

9 货车、农用车不得载人

货车载人很危险 遵章守法免祸端

　　三轮汽车、拖拉机和低速载货汽车等车辆都不是载人的交通工具，缺少对乘坐人的安全保护措施，主要用于农业生产活动，一般车身较大，重心偏高，车辆安全性能较差。此类车辆在坑洼不平、陡坡等路况下行驶、转弯或掉头时，易发生侧翻，导致乘坐人员伤亡。农用车与其他车辆发生碰撞时，由于缺乏防护措施，容易导致群死群伤事故。

相关法律法规

　　《中华人民共和国道路交通安全法》：禁止货运机动车载客；在允许拖拉机通行的道路上，拖拉机可以从事货运，但是不得用于载人。

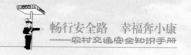

10 不违法携带危险品

危险物品隐患多 驾驶车辆不携带

烟花爆竹、汽油、煤气罐等物品属于易燃易爆的危险物品，运输时需要专业人员采取特定的保护装置或特定的运输车辆。将危险品放置在车辆的后备厢内或座椅上就如同在车上放置了一颗危险的炸弹。当车辆下坡、颠簸或被暴晒后极易引发自燃，尤其是在道路上被其他车辆追尾时，烟花爆竹等危险品极易发生爆炸，造成严重后果。

 事故案例

2011年1月27日，在206高速蓬莱管理处黄城收费站，一辆刚出收费站的小汽车，突然传来鞭炮响声，车身被震得左摇右晃，随后车辆猛地停在了路边。驾驶人慌慌张张地从车上下来，打开后备厢，只见里面烟雾弥漫。原来驾驶人刘先生买了一些烟花爆竹，准备送给朋友，其中有三挂鞭炮包装破损了，就随手扔在后备厢里，由于车辆行驶过程中鞭炮摩擦引发自燃。所幸三挂鞭炮只有一挂爆炸且处理及时，没有造成车辆燃烧和人员伤亡的大事故。

相关法律法规

《中华人民共和国刑法》：在道路上驾驶机动车，违反危险化学品安全管理规定运输危险化学品，危及公共安全的，处拘役，并处罚金。

机动车所有人、管理人对上述行为负有直接责任的，依照前款的规定处罚。

非法运输枪支、弹药、爆炸物的，处3年以上10年以下有期徒刑；情节严重的，处10年以上有期徒刑、无期徒刑或者死刑。

违反爆炸性、易燃性、放射性、毒害性、腐蚀性物品的管理规定，在生产、储存、运输、使用中发生重大事故，造成严重后果的，处3年以下有期徒刑或者拘役；后果特别严重的，处3年以上7年以下有期徒刑。

《中华人民共和国道路交通安全法》：机动车载运爆炸物品、易燃易爆化学物品以及剧毒、放射性等危险物品，应当经公安机关批准后，按指定的时间、路线、速度行驶，悬挂警示标志并采取必要的安全措施。

《中华人民共和国道路交通安全法实施条例》：机动车驾驶人在实习期内不得驾驶公共汽车、营运客车或者执行任务的警车、消防车、救护车、工程救险车以及载有爆炸物品、易燃易爆化学物品、剧毒或者放射性等危险物品的机动车；驾驶的机动车不得牵引挂车。

《机动车驾驶证申领和使用规定》规定：驾驶机动车载运爆炸物品、易燃易爆化学物品以及剧毒、放射性等危险物品，未按指定的时间、路线、速度行驶或者未悬挂警示标志并采取必要的安全措施的，一次记6分。

11　村路驶入公路要当心

农村路口危险多　注意观察慢通行

　　当驾车由村路驶向公路交叉口时，驾驶人如果不注意观察，驶入时机不当，很容易与公路上快速驶来的车辆发生碰撞，造成交通事故。从村路驶入公路时一定要减速观察，避让正常行驶的车辆，选择无来车的时机驶入。在公路尤其是与村路相交叉的国道、省道路段上通行时，需提高警惕，谨慎驾驶。

　事故案例

　　2015年9月的一天，沧州市沧县高川乡某村与272省道交叉口处，一位骑电动三轮车的村民在穿越272省道时，由于未及时观察，被一辆大货车撞倒并当场死亡，大货车由于紧急制动发生侧翻，冲出路口100多米，造成严重交通事故。

12　不驾驶报废车辆

报废车辆问题多　不买不驾避祸端

报废车辆不符合国家机动车运行安全技术条件，机械性能差、零部件老旧，操作灵活性、稳定性、制动性能等大大降低。驾驶报废车辆上路，容易出现半路熄火、制动失灵、转向失控、爆胎等各种险情，危及驾驶人和他人的生命财产安全。农民朋友一定要到正规地点购买技术标准符合国家规定的车辆，千万不能图便宜购置报废车辆。当自家车辆达到报废标准时，要严格按照报废程序进行报废处理，切勿驾驶报废车辆上路。

相关法律法规

《中华人民共和国道路交通安全法》：达到报废标准的机动车不得上道路行驶。驾驶拼装的机动车或者已达到报废标准的机动车上道路行驶的，公安机关交通管理部门应当予以收缴，强制报废。对驾驶前款所列机动车上道路行驶的驾驶人，处200元以上2000元以下罚款，并吊销机动车驾驶证。

出售已达到报废标准的机动车的，没收违法所得，处销售金额等额的罚款，并对机动车进行强制报废。

13 遇到人群聚集地请绕行、慢行

集市热闹人密集 绕行避让慢速行

驾车通行人群聚集路段时，尽量绕行！

驾驶机动车通过集市、庙会、学校等人群聚集路段时，要尽可能绕行。不能绕行的，要减速慢行，尽量不要鸣笛，多通过后视镜观察周边情况，密切关注人群行走动态，应特别注意老年人和小孩；要与行人保持一定的安全距离，避免因拥挤而剐蹭背包、背篓或行人的其他物件导致交通事故。通过人群密集的地方要控制好速度，尽量不要倒车，如确需倒车，要有人指挥，否则易发生剐蹭或碾压事故。

 事故案例

2013年12月22日上午9时许，湘潭县云湖桥镇卢某驾驶轻型自卸货车沿蔡石公路由石潭向易俗河方向行驶，途经杨嘉桥镇西花村文家组地段的农村集市时，自翻至路边，驾驶人受伤，由于车辆没有及时绕行，同时造成赶集的8名行人受伤，1名行人死亡。

14 临近牲畜不鸣笛

牲畜受惊易失控　减速避让勿鸣笛

驾车临近牲畜时要先观察，后通行，不鸣笛！

在农村地区行车，经常会遇到马、牛、羊等牲畜或畜力车，如果驾车临近牲畜时鸣笛或突然加速，容易使牲畜受惊失控，引发事故。路遇牲畜或畜力车，千万不能急躁，应提前在较远处鸣笛并减速，并随时观察牲畜动态。发现牲畜两耳直立、行走犹豫或突然横穿、抢道时，应减速慢行或停车避让。

在超越畜力车或转弯时，要与畜力车保持足够的横向间距，以防畜力车颠行、摇晃或失控而发生事故。

 事故案例

2015年9月22日8时40分许，鲁某驾宝马车欲右拐进入一小区，路口必须借由非机动车道通行。此时在车辆右前方的非机动车道上有一人牵着一匹马停在路上。此时，鲁某不停地按车喇叭，提醒马的主人将马牵走。可没想到，马听到车喇叭声音后，受到惊吓，本能地用后蹄直接踢在宝马车右前侧叶子板上，将叶子板踢出马蹄大小的凹痕。所幸马匹主人牢牢将马牵住，未造成人员受伤。

15　山区道路行车需减速慢行

山区道路险情多　减速慢行防事故

哔 哔

山区道路坡陡、路窄、弯急、视线不佳，汛期易出现塌方，安全隐患突出。如果不熟悉道路情况，缺乏行车经验，极易发生交通事故。

在山区道路行车要小心谨慎。下长坡要提前减挡，利用发动机牵阻作用控制车速，严禁空挡滑行。通过急弯、连续转弯路段或盲区大的弯道，要提前减速减挡，靠右侧行驶，并适当鸣笛，严禁在弯道内超速行驶或超车。

农村地区公路等级较低，安全防护设施不完备。通过临水临崖、窄桥窄路、急弯陡坡等路段时，要提前减速，并适当鸣笛，与路侧保持必要的安全距离。遇对向来车时，要减速慢行或停车，礼让车辆，让右侧临水临崖的一方先行。在雨天、夜间驾车时，要减速慢行，注意观察道路情况，与前车保持安全车距，切莫超速、逆行或违法占道行驶。

16 高速公路行车需谨慎

高速公路车速快 谨慎驾驶守规定

　　高速公路上车辆行驶速度快，驾驶人在高速公路上行车时，一定要遵守高速公路的行车规则，不要在高速公路上突然减速或停车，避免与后车发生追尾事故。同时，要注意遵守高速公路上的标志标线，不要超速，不要在弯路上和岔道口超车，注意与前车保持一定的跟车距离。

相关法律法规

　　《中华人民共和国道路交通安全法实施条例》：高速公路上不得倒车、逆行、穿越中央分隔带掉头或者在车道内停车；非紧急情况时不得在应急车道行驶或者停车；高速公路应当标明车道的行驶速度，最高车速不得超过每小时 120 公里，最低车速不得低于每小时 60 公里；在高速公路上行驶的小型载客汽车最高车速不得超过每小时 120 公里，其他机动车不得超过每小时 100 公里，摩托车不得超过每小时 80 公里；机动车在高速公路上行驶，车速超过每小时 100 公里时，应当与同车道前车保持 100 米以上的距离，车速低于每小时 100 公里时，与同车道前车距离可以适当缩短，但最小距离不得少于 50 米。

17　发生交通事故勿逃逸

　　驾驶人驾驶车辆肇事后,切记不要逃逸,否则将造成严重危害:

　　(1)加重交通肇事后果。如果肇事逃逸,伤者得不到及时救治,容易致残或致死,加重事故后果。

　　(2)处罚加重。交通肇事属于过失犯罪,量刑较轻,如果肇事后逃逸,犯罪性质则变为主观故意,根据《中华人民共和国刑法》规定,量刑是3~7年有期徒刑。

　　(3)严重影响道路交通安全和社会秩序。肇事逃逸,交通事故现场得不到保护,事故不能及时妥善处理,会严重干扰广大交通参与者的正常出行和生产生活。

相关法律法规

《中华人民共和国刑法》：违反交通运输管理法规，因而发生重大事故，致人重伤、死亡或者使公私财产遭受重大损失的，处3年以下有期徒刑或者拘役；交通肇事后逃逸或者有其他特别恶劣情节的，处3年以上7年以下有期徒刑；因逃逸致人死亡的，处7年以上有期徒刑。

《中华人民共和国道路交通安全法》：造成交通事故后逃逸，尚不构成犯罪的，由公安机关交通管理部门处200元以上2000元以下罚款，可以并处15日以下拘留；违反道路交通安全法律、法规的规定，发生重大交通事故，构成犯罪的，依法追究刑事责任，并由公安机关交通管理部门吊销机动车驾驶证。

造成交通事故后逃逸的，由公安机关交通管理部门吊销机动车驾驶证，且终生不得重新取得机动车驾驶证。

《中华人民共和国道路交通安全法实施条例》：发生交通事故后当事人逃逸的，逃逸的当事人承担全部责任。但是，有证据证明对方当事人也有过错的，可以减轻责任。

当事人故意破坏、伪造现场、毁灭证据的，承担全部责任。

《机动车驾驶证申领和使用规定》：机动车驾驶人造成交通事故后逃逸，尚不构成犯罪的，一次记12分。

二、乘车安全知识

1 系好安全带

乘车系好安全带 关键时刻能保命

乘车时要养成上车系好安全带的习惯。很多人误以为车速慢时没有必要系安全带，这种观念是错误的。当汽车以40公里/小时的速度行驶发生碰撞时，身体前冲的力量相当于一袋50公斤的水泥从4层楼上掉落地面时产生的力量。如果不系安全带，一旦车辆紧急制动或遭到猛烈撞击时，巨大的惯性会使乘车人瞬间脱离座位，猛烈撞击前方坚硬物件，甚至被甩出车外，危及生命。车辆发生碰撞、紧急制动或侧翻时，安全带能将乘车人固定在座椅上，有效降低事故造成的伤害，甚至挽救生命。

 相关法律法规

《中华人民共和国道路交通安全法》：机动车行驶时，驾驶人、乘坐人员应当按规定使用安全带，否则将处警告或者20元到200元罚款。

2 不乘坐非法营运客车

非法营运车况差　拒绝乘坐防险情

不要乘坐非法营运车辆!

　　非法营运车辆大都存在质量差、技术不达标、不符合安全检验及运行技术标准等问题，甚至是报废车辆，极易发生交通事故。从事非法营运活动的驾驶人未取得相应的从业资格，驾驶技能较差，法律意识淡薄，存在严重危险隐患。

　　从事非法营运活动的相关人员多数只注重经济效益，车辆往往超员运行。超员车辆的车厢内人员密集，部分乘客只能站立在车厢内，由于缺乏座椅和安全带的保护，在车辆急转弯或紧急制动时，很容易发生伤亡事故。

　　农民朋友出行时一定不要拦路搭载非法营运车辆，要到车站乘坐正规的客运车辆，安全出行，平安回家。

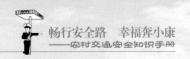
3　不违法携带危险品上车

烟花爆竹易爆炸　上车拒带危险品

危险品不能带上车。

　　烟花爆竹、汽油、油漆等物品属于易燃易爆的危险物品，带上车容易引起爆炸和火灾，造成重大人员伤亡和财产损失。为了您和他人的生命财产安全，请一定不要携带危险品乘车。

 事故案例

　　2011年7月22日3时43分许，山东威海市某交通运输集团驾驶人邹某驾驶大型卧铺客车（实载47人，核载35人)，行驶至河南省信阳市境内京港澳高速公路938公里+115米处，因车厢内违法装载的易燃危险化学品突然发生爆燃，客车起火燃烧，造成41人死亡、6人受伤。

 相关法律法规

　　《中华人民共和国道路交通安全法》：乘车人不得携带易燃易爆等危险物品。

4 不乘坐农用车、货车

货车载人险情多 安全出行莫乘坐

　　三轮汽车、低速货车、农用车等主要用于农村地区载货和农业生产。其安全技术性能不高，车体结构安全防护性能差，缺少安全防护设施，不适合人员乘坐，这些车辆在路面不平、陡坡等路况下行驶、转弯或掉头时，易侧翻，引发乘坐人坠落等交通事故。与其他车辆发生事故时，由于车上缺少防护措施，容易导致群死群伤事故。因此农民朋友千万不要乘坐这些车辆出行。

 事故案例

　　2014年5月25日6时20分许，河南省尉氏县驾驶人王某驾驶重型普通货车，因超速且未保持安全距离与前方同方向高某驾驶的轻型普通货车（驾驶室内乘坐4人、车厢内载37人，均为务工人员）相撞，事故造成11人死亡，32人受伤。

5　到指定地点乘车

乘车要到指定处　切莫追车或拦车

　　出门乘车时，一定要到指定的地点排队乘坐正规营运车辆，不要拥挤，并看管好自己的小孩，不要在上车的地方追逐嬉闹，更不要在道路上随意上下车，以免被后方来车撞倒。如果车辆已经起步，切记不要追逐，也不要跑到道路上截停车辆。跟在车辆后方小跑，极易摔倒被碾压，酿成大祸；到道路上截停车辆，易造成车辆紧急制动，若驾驶人制动不及时，易造成人员伤亡。

　事故案例

　　2010年6月6日晚，南京一名男子在路口红绿灯处将一辆准备起动的公交车拦住，紧随公交车后的货车猝不及防直接撞在前方公交车上并因失控撞上另一车道的公交车。男子路口拦车，不仅导致连环车祸，使车辆损坏，还造成严重的道路交通拥堵。

6 不要把头、手伸出窗外

头手伸车外　乘车险情多

　　乘车出行时，一定不要将身体任何部位伸出车外，以免与同向或对向车辆剐擦，或者与树木等路边物体碰撞。尤其是夜间行驶时，驾驶人由于视线不良，注意不到乘车人探出的身体部位，容易造成人身伤亡事故。

 事故案例

　　2016年6月17日，贵阳32路公交车终点站发生一件惨案，坐在后排的一名男子将头伸出了窗外，两辆公交车并排行驶时，男子的头被两车车身夹住，导致该男子当场身亡。

 相关法律法规

　　《中华人民共和国道路交通安全法实施条例》：机动车行驶中，乘车人不得干扰驾驶，不得将身体任何部位伸出车外，不得跳车。

7 不向车外扔杂物

文明交通靠大家　乘车不乱抛杂物

乘车时随手向车外丢弃烟蒂、果皮、纸屑、塑料袋、易拉罐等垃圾或向车外吐痰都是危险和不文明的行为。这些行为不仅会破坏环境卫生，还会干扰其他车辆正常行驶，容易引发交通事故。车辆因躲避这些垃圾可能与其他车辆发生碰撞，如果车辆行驶速度较快，抛出的垃圾还可能会砸伤路人。

因此，乘坐车辆时，要爱护环境，尊重他人，养成良好的行为习惯，自觉遵守社会公德，安全文明出行，不向车外乱扔垃圾、吐痰，共建和谐社会。

 事故案例

2015年5月14日11时51分许，连霍高速发生一起交通事故，由于前方车辆突然抛物，紧随其后的小汽车为了躲避，与一辆大货车相撞，导致小汽车内5人被困，经过救援，其中2人受伤，3人死亡。

8　下车时先观察

上下车辆莫拥挤　仔细观察再行动

　　下车时，应等车辆靠边停车后从右侧下车，下车前先观察周围的道路交通状况，不要拥挤，在确保安全的情况下再开关车门。特别是乘坐小汽车的朋友，下车时不要一把推开车门，应先通过后车窗玻璃观察后方来车情况再开车门，或先开一条缝观察路况，并提醒路过的行人和骑车人，以免撞上经过车边的其他车辆、行人或骑车人。若看到有骑车人、行人经过时应该耐心等待至其经过后再开车门。如果开车门后发现有车辆驶来等情况，应立即关上车门。

相关法律法规

　　《中华人民共和国道路交通安全法实施条例》：机动车在道路上临时停车，车辆停稳前不得开车门和上下人员，开关车门不得妨碍其他车辆和行人通行。

三、行人和非机动车驾驶人安全出行知识

1 在道路上靠边行走

道路出行靠右走 遵守规则少危险

　　为了保证自身安全，大家一定要遵守交通安全法规，自觉靠路边行走或骑行。在道路中间步行或骑行，不仅妨碍道路交通的通畅，也会给自身安全带来隐患。尤其在夜间，乡村道路照明条件较差，容易出现视觉盲区，对向驶来车辆的车灯也容易使驾驶人注意不到道路上的行人或非机动车驾驶人，极易酿成车祸。学生上下学经常要穿行公路，老师和家长也要告诫孩子上学、放学时要靠路边行走，注意观察公路上行驶的车辆，主动避让机动车。

 相关法律法规

　　《中华人民共和国道路交通安全法》：行人应当在人行道内行走，没有人行道的靠路边行走。

2　了解汽车灯光语言

灯光语言含义多　识别清楚少危险

在道路上行走，如果认识汽车灯光语言，就可以提前预判车辆的行驶轨迹，主动避让车辆，避免受到伤害。车辆停放在路边，左转向灯亮起时，说明车辆要起动；车辆行驶过程中左（右）转向灯闪烁时说明车辆要向左（右）转弯；车辆尾灯亮起，车速减慢，说明车辆要减速、停车或倒车；车辆前后灯同时闪烁，说明车辆出现故障或要临时停车。

 事故案例

　　2015年6月9日晚10时50分许，在重庆市沙滨路发生一起交通事故，一位小伙子因戴耳机，注意力不集中，未及时发现后方行驶的小汽车鸣笛和变换远近光灯警示而被撞倒，导致该小伙当场昏迷。

3　注意机动车内轮差和盲区

机动车在转弯时，转弯一侧的前后轮不在一条轨迹上。前内轮转弯半径与后内轮转弯半径之差就是机动车的内轮差。大型车的内轮差要比小型车的内轮差大得多。在路口遇到机动车转弯时，要远离机动车，千万不要认为前轮没有碰到自己，后轮就一定不会碰到。行人若忽视内轮差，不及时采取躲避措施，很容易被车轮碾压。

机动车驾驶人在车内看不到的区域称为机动车的盲区。处在机动车盲区里的行人或骑行人不易被驾驶人察觉，很容易被剐碰。因此一定不要在机动车的盲区内步行或骑行，尤其遇到大型车辆时，更要小心谨慎，因为它的盲区范围更大。

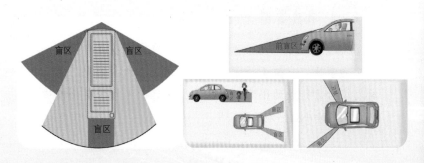

4 上下学路上莫随意穿行公路

公路过往车辆多 注意安全莫盲过

中小学生天性活泼好动，上下学路上经常出现相互追逐打闹、不靠边走路、随意横穿道路等危险行为，容易被机动车碰撞、剐擦，严重威胁人身安全。家长一定要以身作则，多叮咛孩子遵守交通法规，让孩子不要随意横穿道路，横穿道路时先向左看，确定没有车辆时再穿行，过了道路中心线要向右看，确定没有车辆时再通过，不要在车辆临近时突然加速横穿或者中途倒退、折返，以免发生交通事故。

5 骑车上路须符合年龄要求

违法骑车藏祸端 年龄不够莫骑行

　　12周岁以下儿童缺乏行为控制能力，其应急反应、协调性等方面都不成熟，对交通知识了解少，骑车上路不能约束自己的行为，潜藏着很多安全隐患，遇到突发事件时难以做出正确判断。12周岁以下的儿童头部重量较大，而胸背部活动范围相对较小，骑自行车时由于车身倾斜、颠簸或急刹车，难免头向前俯冲摔倒。因此交通规则从保障少年儿童的安全出发，规定12周岁以下儿童不准骑车上路。

　　电动自行车的车速远高于脚踏自行车。未满16周岁的少年儿童，其身体素质、心理素质等条件均不适合骑电动自行车。必须年满16 周岁才能骑电动自行车。

 相关法律法规

　　《中华人民共和国道路交通安全法实施条例》规定：驾驶自行车、三轮车必须年满12周岁；驾驶电动自行车和残疾人机动轮椅车必须年满16周岁。不得在道路上骑独轮自行车或者2人以上骑行的自行车；自行车、三轮车不得加装动力装置；不得在道路上学习驾驶非机动车。

6 骑车要双手握把、不攀扶骑行

持物骑车不稳定　双手握把控方向

　　自行车稳定性差，骑车时应双手扶把靠路边行驶。骑车时一手握把一手提物，骑车人容易因失去平衡而摔倒或驶入道路中央与机动车发生碰撞。若骑车人双手撒把骑车，则极易导致行车失控摔倒或与其他车辆、行人发生碰撞。

　　骑车攀扶机动车，是非常危险的行为。遇逆风、上坡或骑车吃力时，即便行驶速度很慢的机动车也不能攀扶。攀扶时自行车受机动车牵制，一旦机动车速度、方向发生变化，会造成骑车人慌乱，导致自行车失控，发生事故。

 事故案例

　　2015年6月8日9时50分许，绍兴市中兴南路环城南路口，一名骑电动自行车的女子在雨中一手握车把，一手打伞，因单手握把控制方向不稳，自行车撞在路边的隔离护栏上，该女子重重摔倒在地，当场昏迷。

7 骑自行车不要负载重物或载人

骑车载人易摔倒 上路行驶不负重

咚

农村道路路面较窄，骑车载人或载物过重时，整体重心后移，车把会出现轻飘感，稳定性变差，同时惯性增大，制动距离加长，控制车的难度随之增大。载物越重，危险性越高。为了出行安全，骑车尽量不要装载过重的物体。需要载物时，要考虑自行车负重后的安全性能，注意自我保护。

⚖ 相关法律法规

《中华人民共和国道路交通安全法实施条例》：自行车、电动自行车、残疾人机动轮椅车载物，高度从地面起不得超过1.5米，宽度左右各不得超出车把0.15米，长度前端不得超出车轮，后端不得超出车身0.3米。

宽度不得超出左右车把各0.15米

8 骑电动自行车不要超速

电动自行车设计时速一般不超过25公里，其制动系统与设计时速相匹配。如果擅自改装电动自行车，并超速行驶，一旦遇到突发情况，无法及时制动、规避危险。同时，电动自行车没有任何防护装置，如果与机动车发生碰撞，会对骑车人造成严重伤害。骑电动自行车要严格遵守法律规定，最高速度不得超过15公里/小时，同时还要注意避让其他非机动车和行人。

相关法律法规

《中华人民共和国道路交通安全法》：残疾人机动轮椅车、电动自行车在非机动车道内行驶时，最高时速不得超过15公里。

9 不要在公路上晒粮、摆摊

随意占道藏隐患 为人为己勿占道

农村公路较为狭窄，在公路上晒粮或摆摊会妨碍道路上的车辆通行，导致交通不畅，同时晾晒的粮食也容易使经过的车辆打滑，造成交通事故。晒粮的过程中，农民朋友注意力集中在眼前的工作上，容易忽视快速驶来的机动车，严重危及自身安全。摆摊售卖农产品时，在摊位前停留的顾客容易被来往车辆剐碰。为了大家的人身安全，请农民朋友不要在公路上晒粮或摆摊。

相关法律法规

《中华人民共和国道路交通安全法》：未经许可，任何单位和个人不得占用道路从事非交通活动。

《中华人民共和国公路法》：任何单位和个人不得擅自占用、挖掘公路；交通主管部门、公路管理机构负有管理和保护公路的责任，有权检查、制止各种侵占、损坏公路、公路用地、公路附属设施及其他违反本法规定的行为。违反本法规定，擅自占用、挖掘公路的，由交通主管部门责令停止违法行为，可以处3万元以下的罚款。

10 不要让儿童在路边玩耍

路边嬉闹藏隐患　安全教育要强化

儿童交通安全意识较弱，缺乏应变能力，意识不到周围险情。儿童在道路或铁路边玩耍、踢球、嬉戏打闹、坐卧停留，不仅妨碍车辆通行，给交通安全带来隐患，也对自身生命安全构成严重威胁，一旦发生事故，会给整个家庭带来巨大伤痛。

请家长一定要看管好自己的孩子，时常教育孩子不在公路或铁路边玩耍、嬉戏或坐卧停留，不随意穿行公路或铁路，否则一旦发生事故则追悔莫及。

 事故案例

2013年3月17日晚9时10分许，在宁海西店镇某村道路上，一名14岁的女孩小某跟同伴走在机动车道上，一边聊天一边玩耍嬉闹。不料，一辆小汽车快速驶来，小某避让不及被小汽车撞飞并导致颅脑受伤，送医院抢救无效死亡。

11 不要追车、扒车

追车扒车不安全 危险动作不要做

儿童好奇心强又活泼好动，喜欢追车、扒车、向汽车扔石子，这些都是十分危险的行为。追车和扒车过程中，车辆急转弯、紧急制动或遇颠簸时极易造成儿童伤亡，家长应当经常教育子女，杜绝此类行为。

 事故案例

2009年冬，某小学一年级7岁小男孩刘某，在上学途中遇到一辆大货车缓慢行驶。为搭便车，刘某与另外一名同学一起扒吊在大货车的脚踏板上。当车辆驶到校门口时，两人准备跳下车去上学。不料，刘某被大货车的后轮碾压，经抢救无效死亡。

 相关法律法规

《中华人民共和国道路交通安全法》：行人不得跨越、倚坐道路隔离设施，不得扒车、强行拦车或者实施妨碍道路交通安全的其他行为。

12 不要在道路中央赶放牲口

牲畜受惊易失控　勿占道路赶牲畜

在道路中央赶放牲畜时，由于牲畜行进缓慢，大群牲畜聚在路中央容易堵塞道路，严重妨碍交通。若遇机动车驶近或鸣笛，牲畜容易受到惊吓而无法控制，在道路上四散奔逃，不仅易导致交通事故，还会给农民朋友带来经济损失。而追赶牲畜时，农民朋友易忽视交通环境，被来往车辆撞倒，出现人身伤亡。

 相关法律法规

《中华人民共和国道路交通安全法》：未经许可，任何单位和个人不得占用道路从事非交通活动。

《中华人民共和国公路法》：任何单位和个人不得擅自占用、挖掘公路。

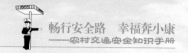
13　不要在公路边乘凉

路边乘凉藏危险　飞来横祸无人挡

　　农村道路路面较窄，在道路上乘凉，会占去部分路面，使路面更窄，影响交通。同时，农村夜晚路面灯光条件较差，驾驶人视线不良，容易出现视觉"盲区"，村民乘凉时不太留意道路及周边环境，若避让不及易导致事故发生。在路边乘凉时，车辆噪声、尾气及扬起的尘土均不利于身体健康，请大家为安全和健康考虑，不要在道路边乘凉。

🔔 事故案例

　　2012年8月13日晚8时50分许，浙江省台州市路桥蓬街花门村发生一起交通事故，五六位村民在自家附近的路边乘凉时被一辆突然冲向人群的小型四轮货车撞倒，导致一名村民当场死亡。因为事发突然，现场路灯昏暗，在场村民没有看清小型四轮货车的驾驶人，也没记住车牌号码，增大了案件破获难度。

下篇

农村交通安全
协管员工作指南

农村交通安全协管员是公安交管部门在农村地区的重要帮手，是广大农民朋友在交通安全方面自我管理、自我教育的集中体现。这个岗位是平凡的，又是光荣的。交通民警和每一位村民都应该尊重和支持他们的工作。交通安全协管员本人也应明确自身的工作职责，本着利及全体村民的态度，认真履职，做好登记车辆与驾驶人信息、传播守法文明出行理念、劝阻交通违法行为、排查交通安全隐患、协助处理交通事故等工作，增强村民交通安全意识，保障道路安全畅通，维护村民生命和财产安全。

一、工作职责

农村交通安全协管员是指乡（镇、街道）人民政府在行政村指定的参与交通安全管理的人员。

农村交通安全协管员主要承担宣传、劝导、纠违三大基本职责，具体包括以下几项任务：

（1）建立本村机动车辆、驾驶人、交通事故台账及宣传活动档案，及时掌握本村机动车辆、驾驶人底数及变动情况；

（2）做好本村机动车挂牌、年审和驾驶人审验、换证等提醒和督促工作；

（3）上下学时段在本村学校门口维护交通秩序，及时疏导交通拥堵，确保学生上学、放学的道路交通安全；

（4）利用村民大会、村民广场、村内广播、电影专场、墙体标语、专栏、宣传单、黑板报、微信、QQ群等载体，对村民广泛开展交通安全宣传教育；

（5）经常性地检查本村及周边道路存在的交通安全隐患，并及时报告有关部门加强整改；

（6）及时劝导制止村民无证驾驶、酒后驾车、拖拉机或低速货车违法载人等重点交通违法行为；

（7）协助公安机关交通管理部门做好交通违法告知工作，协助处理本村发生的交通事故以及调解因交通事故引发的民事纠纷；

（8）协助公安机关做好治安防范工作，积极提供盗抢车辆、肇事逃逸等案件以及其他治安、违法犯罪案件线索。

二、工作内容

（一）登记车辆与驾驶人信息

农村交通安全协管员要对本村机动车和驾驶人的基本情况进行摸底排查，并将其详细信息登记造册，建立台账，实行档案管理，及时督促办理相关业务。

1 登记机动车信息

（1）机动车登记范围：包括大型货车、小型汽车、小型自动挡汽车、低速载货汽车、三轮汽车、普通三轮摩托车、普通两轮摩托车、轻便摩托车。

（2）机动车登记内容见表1。

×××村机动车信息登记簿（样例） 表1

车主姓名	机动车牌号	经常驾驶本车人员	车辆类型	登记时间	车辆主要用途	购买时间	年检情况	保险情况	车辆报废时间	联系电话

（3）机动车登记方式：逐门逐户问询、核对、记录机动车信息。建立本村机动车车主QQ群或微信群，作为日常交流的平台。

（4）机动车登记提示：告知村民不得使用拼装车、报废车，无驾驶证的要参加培训考试获取驾驶证后再上路行驶，有牌、有证的要按期检验、审验，达到报废标准的机动车要及时按有关规定办理机动车报废手续，没有保险的要及时给机动车购买保险。

（5）机动车隐患上报：及时向有关部门反映工作中发现的交通安全隐患，协助清理安全性能不达标的车辆。

（6）机动车信息变动登记：利用QQ群或微信群，提醒车主在机动车过户、报废后及时告知本村交通安全协管员。

2 登记驾驶人信息

（1）驾驶人登记范围：包括大型货车、小型汽车、小型自动挡汽车、低速载货汽车、三轮汽车、普通三轮摩托车、普通两轮摩托车、轻便摩托车的实际驾驶人。

（2）驾驶人登记内容见表2。

×××村机动车驾驶人信息登记簿（样例）   表2

登记时间	驾驶人姓名	驾驶证号码	准驾车型	初次领证时间	驾驶证有效期限	驾驶证年审时间	驾驶人住址	是否经常饮酒	联系电话

（3）驾驶人登记方式：与机动车登记工作同时进行，逐门逐户问询、核对、记录驾驶人信息。建立本村机动车驾驶人QQ群或微信群，作为日常交流的平台。

（4）驾驶人登记提示：告知驾驶人不得驾驶拼装车、报废车上路行驶，驾车上路要携带行驶证、驾驶证，满12分的要及时参加相关学习，驾驶证到期的要及时更换。

（5）驾驶人隐患上报：及时向有关部门反映工作中发现的交通安全隐患，协助清理资质不合格的驾驶人。

（6）驾驶人信息变动登记：利用QQ群或微信群，提醒驾驶人在准驾车型变更、驾驶证注销后及时告知本村交通安全协管员。

同时，农村交通安全协管员还要记录本村内发生的交通违法

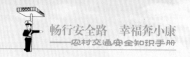

及交通事故的相关信息，以便查询，见表3。

×××村交通违法及事故信息登记簿（样例）　　表3

事故发生时间	违法行为/ 事故类型	涉事人员 及联系电话	涉事车辆	处理结果

（二）传播守法文明出行理念

农村交通安全协管员应针对当前农村地区普遍存在的交通违法行为和陋习，协助交通民警做好交通安全法律法规知识宣传和教育工作，增强村民交通安全意识，有效预防交通事故，保障村民生命财产安全。

1　交通安全宣传教育对象

交通安全宣传教育对象包括本村村民与出入本村的交通参与者。

2　交通安全宣传教育内容

交通安全宣传教育的内容包括与村民出行密切相关的交通安全法律法规和交通安全常识，如靠右通行、遵守信号灯、酒后不开车、无牌无证车辆不能上路等。具体内容可参考本书上篇相关内容。

3　交通安全宣传教育方式

（1）设立交通安全宣传橱窗。在村委会、村内主街道两侧或村民活动广场设立固定式的橱窗，适时更换内容，宣传道路交通安全法基本通行规定、标志标线含义、交通违法行为的处罚规定以及交通事故案例等内容。

（2）组织交通安全讲座。针对本村交通安全的薄弱环节，结合本地交通事故案例，主动组织开展或配合交警，通过开会、上课、播放警示教育片等各种形式，向村民讲授交通安全知识和交通违法行为的危害及法律后果。

（3）张贴、刷涂交通安全标语。在村庄主要路段、路口刷写墙体标语、悬挂条幅，内容为浅显易懂的安全出行常识和安全出行警示语。

（4）发放交通安全宣传资料。通过入户发放或者在村民集会场所集中发放的方式，将交通管理部门提供的交通安全宣传品面对面送给村民。

（5）开展大喇叭广播宣传。利用本村广播站，结合本村近期交通安全形势和交通管理部门整治重点，宣讲交通安全知识，劝导村民依法文明出行。

（6）应用新媒体开展宣传。建立本村村民微信群或者QQ群，随时发布交通安全知识、道路通行信息、出行安全提示和警示信息等。

（三）劝阻交通违法行为

农村交通安全协管员要对农村常见道路交通违法行为进行制止，劝导村民遵守交通安全法律、法规，守法驾驶，摒弃交通陋习。

1 劝阻对象

交通安全劝阻对象：本村村民和出入本村的交通参与者，包括机动车驾驶人、非机动车驾驶人和行人等。

2 劝阻内容

交通安全劝阻内容：机动车超员、超载、酒驾、农用车载人、骑摩托车不戴头盔、无牌无证驾驶等，详见本书上篇相应内容。

3 劝阻地点

交通安全劝阻地点：村内道路、村路与主路交叉路口、本村周边一公里以内村民出行必经道路、农村市场集市、婚丧嫁娶或亲友聚会等村民聚集场所。

4 劝阻技巧

交通安全协管员要针对不同的劝阻对象，采取不同的劝阻方式。要将乡亲感情和陈说违法行为的危害及法律后果结合起来，以情动人，以理服人，以关爱为出发点，达到劝阻、警示的最终目的。

（四）排查道路交通安全隐患

近年来，农村道路网络和通行条件得到了较大改善，机动车数量迅猛增长，但是交通信号灯、标志标线等交通管理设施和安全防护措施相对缺乏，村民出行存在安全隐患，及时排查、上报道路交通不安全因素是农村交通协管员的重要职责之一。

1 道路交通安全隐患排查范围

道路交通安全隐患排查范围：本村周边两公里以内村民出行必经的公路，含国省道、县乡道路、村村通公路以及本村内大街及主要交通巷道。

2 道路交通安全隐患排查内容

（1）交通设施不完善。路口应设信号灯而未设，道路交通警示、限速、禁停等标志以及行人过街标线等交通安全设施设置不合理或缺失。

（2）桥梁、边坡等存在安全隐患。乡村道路桥梁安全隐患主要表现为栏杆破损、桥头人行道破损、护岸锥坡垮塌。山区道路在汛期要注意边坡是否有滑坡、崩塌风险。

（3）固体物遮挡视线。路口附近植被、建筑物造成视觉盲区，相对方向行进的车辆、非机动车驾驶人彼此看不清楚。

（4）施工防护设施欠缺。道路施工工地或道路边上的房屋建筑工地，安全防护措施欠缺。路面有深坑或随意堆放建筑材料等。

（5）村民不当使用道路。如占道晾晒粮、摆摊设点等。

3 道路交通安全隐患排查方式

（1）直接巡查。利用平时出门的机会，或者抽空专门巡查，发现安全隐患。

（2）听取反映。利用与村民走路碰面、串门等机会，收集村民意见和建议。及时查看QQ群、微信群中群众反映的安全隐患，并实地核查。

4 上报或及时消除道路交通安全隐患

（1）隐患消除。通过陈述利害关系，劝阻当事方放弃危害交通安全的相关行为（如占道晒粮、随意在公路上堆积施工材料等），直到隐患消除。

（2）隐患上报。交通安全协管员发现的交通安全隐患，不能凭个人能力及时消除的，应当填写×××村道路交通隐患登记簿（表4），上报给包村民警或交警中队。

×××村道路交通安全隐患登记簿（样例）　　　表4

协管员：×××

时间	地点	隐患描述	前期工作	上报民警	上报时间	处理情况

（五）协助处理交通事故

农村交通安全协管员在村内街道或村庄周边道路遇到交通事故时，应当立即组织人员保护现场，抢救伤员，维护交通秩序，并及时报告公安交通管理部门，协助交通警察勘查现场，指挥疏导交通。

1 及时报警

　　如发生无人员伤亡的轻微财产损失事故，应协助当事人标划车辆位置或拍照后，将车辆挪至不妨碍交通的地方，由当事人自行协商处理。如发生有人员伤亡的交通事故，应询问当事人是否已经有效报警，如果没有，应立即拨打120急救电话及122交通事故报警电话，说清事故地点、类型、人员伤亡等情况。

2 保护现场

　　如发生人员伤亡事故，应提醒驾驶人持续开启危险报警闪光灯，夜间还须开启示廓灯和尾灯，并在制动拖印前、来车方向至少50米外放置警告标志，以免其他车辆破坏现场物证或发生二次事故。不要移动现场任何车辆、物品，并劝阻围观群众进入现场。对于易消失的路面痕迹、散落物，用塑料布、苫布、苇席等可能得到的东西加以遮盖。抢救伤者移动车辆时，应做好标记，搬运伤员前，可用粉笔或石头、砖块标记清楚伤员倒卧方向及位置。

3 抢救伤员

　　有人员受伤时，要及时询问和观察当事人是否需要救治或者是否已拨打急救电话，如果需要救治且没有联系救护车，或者发现当事人已经昏迷等严重情况，应立即拨打120急救电话。

4 维护交通秩序

交警到来之前，采取必要措施，如设置简易围挡等，防止车辆行人进入事故现场，并疏导来往车辆通行，避免出现长时间交通拥堵。交警到来之后，在交警指导下，指挥车辆和行人依次通行，保持道路通畅。

5 协助勘查现场

在事故民警指导下，沿车辆行驶路线寻找现场痕迹，如刹车印迹，碰撞、碾压、剐擦、挤压等痕迹，现场遗留物等，查找当事人、证人等。

附　录

一、农村道路交通安全宣传标语

1. 大路朝天，请走右边。

2. 开车要致富，不能出事故。

3. 致富千日功，车祸一日穷。

4. 挣金山、挣银山，交通安全是靠山。

5. 珍爱生命，拒绝酒驾。

6. 文明农村美如画，酒后禁驾靠大家！

7. 酒肉穿肠过，开车易闯祸！

8. 客货混装易伤人，规范运输才安全。

9. 严禁低速载货汽车、拖拉机违法载人。

10. 严禁无牌无证车辆、报废车辆上路行驶。

11. 办齐牌证再上路，购买保险更安心。

12. 面包车农民最爱，多拉快跑有危害。

13. 面包车，"脸面"薄，亲"吻"贴脸出大祸！

14. 非法载客莫乘坐，否则容易招灾祸。

15. 超速超载，惹祸招灾。

16. 弯道开车有诀窍，勤按喇叭不占道。

17. 摩托车，跑得快，头盔千万莫忘戴。

18. 驾乘摩托戴头盔，车行千里安全归。

19. 骑车紧握车把手，千万别把杂技耍。

20. 莫把马路当晒场，要把安全记心上。

21. 实线虚线斑马线，都是生命安全线。

22. 心中常亮红绿灯，足下自有平安路。

23. 安全带就是生命带。

24. 一顶头盔半条命！

25. 人病不上车，车病不上路。

26. 开车玩手机，低头酿祸患，下坡放空挡，有钱没命享。

27. 司机一打盹，车翻地上滚。

28. 过马路，不要慌，左顾右看不要闯！

29. 新农村，心文明，馨交通。

30. 遵守交规才安全，幸福一家好团圆。

31. 安全隐患致事故，车况良好再上路。

32. 驾车上路牌证全，无牌无证不上路。

33. 开车多一分小心，家人多十分安心。

34. 交通法规人人遵守，文明乡村家家幸福。

35. 一人安危系全家，全家幸福系一人。

36. 抵制交通违法行为，树立文明交通意识。

37. 平安一路，匹夫有责，欢乐万家，众望所归。

38. 风驰电掣，安全为先。

39. 安全连着你我他，幸福平安靠大家。

40. 一人出车全家念，一人平安全家福。

41. 交通安全人人参与，安全交通家家受益。

42. 遵守交通法规，平安与你同在。

43. 文明之"行"，始于"足下"，安全是离家最近的路。

44. 人在旅途，平安是福；关爱生命，文明出行。

45. 报废车辆问题多，不买不驾避祸端。

46. 非法营运车况差，拒绝乘坐防险情。

47. 报废车辆应注销，违法驾驶祸事多。

48. 拼装车辆藏隐患，拒驾拒乘报废车。

49. 危险物品隐患多，驾驶车辆不携带。

50. 烟花爆竹易爆炸，上车拒带危险品。

51. 不戴头盔易受伤，上路骑行切记戴。

52. 持物骑车不稳定，双手握把控方向。

53. 使用手机易出事，骑车不要戴耳机。

54. 并排骑行易摔倒，追逐竞驶藏隐患。

55. 骑车载人易摔倒，上路行驶不负重。

56. 骑车攀扶太冒险，莫拿生命当儿戏。

57. 路边乘凉藏危险，飞来横祸无人挡。

58. 路边嬉闹藏隐患，安全教育要强化。

59. 公路来往车辆多，注意安全莫盲过。

60. 公路上，车辆多，打场晒粮易惹祸；公路边，不摆摊，影响交通不安全。

61. 隔离护栏不翻爬，发生事故受伤害；候车要在站台上，骑车不进汽车道。

62. 过街要走斑马线，或走天桥地下道；走路要走人行道，不在路上嬉戏闹。

63. 牲畜受惊易失控，减速避让勿鸣笛。

64. 牛马车，靠右走，交叉路口要牵行；赶牲口，放牛羊，上路行走不安全。

65. 药物都有副作用，驾车切忌乱服药。

66. 校车改装事故多，超员运行受重罚。

67. 超员超载不安全，发生事故伤亡大。

68. 不超员，不超速，文明出行保安全。

69. 超限超载酿祸患，遵章守法保平安。

70. 货物装载守规定，超限超载酿祸端。

71. 车辆超载一吨，危险增加十分。

72. 乘车安全要注意，遵守秩序要排队；手头不能伸窗外，扶紧把手莫忘记。乘车系好安全带，平安出行安全在；站得稳、坐得好，紧急刹车危险少。

73. 农村路口危险多，注意观察慢通行。

74. 驶入公路多留心，选择时机很关键。

75. 集市热闹人密集，绕行避让慢速行。

76. 学校附近易拥堵，减速谨慎慢通行。

77. 漫漫人生路，不急这几步。

78. 心平气和，莫着急；行车上路，没问题。

79. 宁停三分保安全，不抢一秒丢性命。

80. 胡同窄巷藏危险，提防意外需谨慎。

81. 学校门口人流多，减速慢行护学生。

82. 人行横道要避让，减速礼让缓慢行。

83. 违法超速危害大，安全车速无险情。

84. 擅闯红灯险象生，自觉遵守信号灯。

85. 红灯、绿灯、灯灯是令；直道、弯道、道道小心。

86. 低速不行快速路，严禁占用应急道。

87. 雪天路滑事故多，谨慎慢行才安全。

88. 雨天视线受限，注意减速慢行。

89. 雨天行车切记鲁莽，涉水行车更需谨慎。

90. 夜间行车要精神，身体疲惫别开车。

91. 冰天雪地道路滑，控制车速慎踩刹。

92. 山区道路险情多，减速慢行防事故。

93. 高速公路险情多，切忌乘客上下车。

94. 隧道潮湿路面滑，谨慎驾驶早减速。

95. 珍爱生命，拒坐"黑车"。

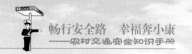
96. 黑车货车不能上，人身安全没保障；无证驾驶违交法，购车要办车牌照。

97. 疲劳驾驶极危险，车毁人亡一瞬间。

98. 乱穿马路，不是近路，是险路。

99. 十字路口，等一等何论分秒；两头是路，让一让都是坦途。

100. 出家门，路边走，交通法规要遵守；过马路，仔细瞧，确认安全再通行。

二、常用道路交通标志与交通信号灯

1. 警告标志

连续弯路

上陡坡

下陡坡

连续下坡

两侧变窄

右侧变窄

左侧变窄

窄桥

双向交通

注意行人

注意儿童

注意信号灯

注意落石　　　　　注意横风　　　　　易滑

傍山险路　　　隧道　　有人看守　　无人看守
　　　　　　　　　　铁路道口　　铁路道口

2.禁令标志

禁止行人　　禁止向左　　禁止向右　　禁止直行
进入　　　　转弯　　　　转弯

禁止向左　　停车让行　　减速让行　　会车让行
向右转弯

禁止通行　　禁止驶入　　禁止拖拉机　　禁止三轮汽车、
　　　　　　　　　　　　驶入　　　　低速货车驶入

禁止摩托车
驶入

禁止停车

禁止长时停车

禁止鸣喇叭

限制宽度

限制高度

限制质量

限制轴重

限制速度

解除限制速度

禁止直行和
向左转弯

禁止直行和
向右转弯

禁止掉头

禁止超车

解除禁止超车

停车检查

禁止运输危险
物品车辆驶入

禁止非机动车
进入

禁止畜力车
进入

禁止人力客运
三轮车进入

禁止人力货运
三轮车进入

禁止人力
车进入

3.指示标志

直行

向左转弯

向右转弯

直行和向左
转弯

直行和向右
转弯

向左和向右
转弯

环岛行驶

单行路
（向左或向右）

单行路（直行）

步行

鸣喇叭

最低限速

人行横道

机动车行驶

机动车车道

非机动车行驶

非机动车车道

停车位

允许掉头

4.指路标志

地点识别　　　　　　　　　　停车场

应急避难设
施（场所）　　　休息区　　　此路不通　　加油站

紧急电话　　　　　　　服务区预告

小知识 易混淆交通标志辨识

两侧变窄　　窄桥　　　　　傍山险路　　注意落石

过水路面　　渡口　　　　　有人看守铁路　无人看守铁路
（浸水桥）　　　　　　　　　　道口　　　　　　道口

停车让行　　减速让行

禁止机动车驶入　禁止小型客车驶入

禁止通行　　禁止驶入

禁止停车　　禁止长时停车

禁止鸣喇叭　　鸣喇叭

机动车行驶　　机动车车道

错车道　　紧急停车带

步行　　人行横道

非机动车行驶　　非机动车车道

环岛行驶　　环形交叉路口

注意行人　　注意儿童

隧道　　隧道开车灯

事故易发路段

注意危险

左侧通行

右侧通行

Y形交叉路口

注意合流

限制速度
（最高限速）

直行

注意牲畜

注意野生动物

最低限速

单行路（直行）

注意潮汐车道

注意保持车距

解除限制速度

直行车道

会车让行

驼峰桥

反向弯路

停车场预告

会车先行

路面不平

连续弯路

停车区预告

双向交通

路面高突

易滑

服务区预告

5.交通信号灯

（1）机动车信号灯

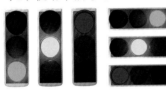

①绿灯亮时，准许车辆通行，但转弯的车辆不得妨碍被放行的直行车辆、行人通行；

②黄灯亮时，已越过停止线的车辆可以继续通行；

③红灯亮时，禁止车辆通行。

（2）人行横道信号灯

①绿灯亮时，准许行人通过人行横道；

②红灯亮时，禁止行人进入人行横道，但是已经进入人行横道的，可以继续通过或者在道路中心线处停留等候。

（3）车道信号灯

①绿色箭头灯亮时，准许本车道车辆按指示方向通行；

②红色叉形或者箭头灯亮时，禁止本车道车辆通行。

（4）道路与铁路平面交叉道口信号灯

道路与铁路平面交叉道口有两个红灯交替闪烁或一个红灯亮时，表示禁止车辆、行人通行；红灯熄灭时，表示允许车辆、行人通行。

（5）方向指示信号灯

准许左转弯信号灯　准许右转弯信号灯　准许直行和右转弯信号灯

方向指示信号灯的绿色箭头方向向左、向右、向上分别表示左转、右转、直行。

（6）闪光警告信号灯

闪光警告信号灯

闪光警告信号灯为持续闪烁的黄灯，提示车辆、行人通行时注意瞭望，确认安全后通过。

三、违法记分项目

1. 违法行为记分

有11处

超员、超速、酒驾……

有14处

闯灯、占用应急车道……

有12处

逆行、违反禁令标志……

有11处

拨打电话、不戴安全头盔……

有4处

不按规定使用灯光……

2. 驾驶人——驾驶证、资格证

①驾驶与准驾车型不符的机动车的，记12分；

②使用伪造、变造的驾驶证的，记12分；

③未取得校车驾驶资格驾驶校车的，记12分；

④机动车驾驶证被暂扣期间驾驶机动车的，记6分；

⑤以隐瞒、欺骗手段补领机动车驾驶证的，记6分；

⑥上道路行驶的机动车，未随车携带机动车驾驶证的，记1分。

在依照国家规定应提供身份证明的活动中，使用伪造、变造的或者盗用他人的居民身份证、护照、社会保障卡、驾驶证等依法可以用于证明身份的证件，情节严重的，处拘役或者管制，并处罚金。

驾驶证、资格证，拥有之后要珍惜！

3. 机动车——号牌、行驶证及其他标识标牌

①上道路行驶的机动车未悬挂机动车号牌的，或者故意遮挡、污损、不按规定安装机动车号牌的，记12分；

未挂牌　　　　　故意遮挡号牌　　　　　污损号牌

②使用伪造、变造的机动车号牌、行驶证、校车标牌或者使用其他机动车号牌、行驶证的，记12分；

使用伪造、变造号牌的，还将拘留15日以下，罚款2000～5000元！

③上道路行驶的机动车未放置检验合格标志、保险标志，未随车携带行驶证的，记1分。

请让您的爱车光明正大地出行！

4. 酒驾

饮酒后驾驶机动车的，记12分。

酒后驾驶还将暂扣6个月驾驶证，罚款1000～2000元；

醉酒驾驶机动车，将被拘役1～6个月，吊销机动车驾驶证，并且5年内不得重新取得驾驶证；

如果醉酒驾驶发生重大交通事故，构成犯罪的，依法追究刑事责任，吊销机动车驾驶证，终生不得重新取得机动车驾驶证。

为了您和他人的安全，喝了酒可千万别开车！

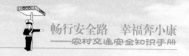

5. 客车超员

①驾驶营运客车（不包括公共汽车）、校车载人超过核定人数20％以上的，记12分；

②驾驶营运客车（不包括公共汽车）、校车载人超过核定人数未达20％的，或者驾驶其他载客汽车载人超过核定人数20％以上的，记6分；

③驾驶营运客车（不包括公共汽车）、校车以外的载客汽车载人超过核定人数未达20%的，记3分。

　　《刑法》规定：从事旅客运输、校车运输业务，严重超过额定乘员载客的处拘役，并处罚金。

乘客与孩子们的安全最重要！

6. 超速

①驾驶中型以上载客载货汽车、校车、危险物品运输车辆在高速公路、城市快速路上行驶超过规定时速20％以上或者在高速公路、城市快速路以外的道路上行驶超过规定时速50％以上，以及驾驶其他机动车行驶超过规定时速50%以上的，记12分；

②驾驶中型以上载客载货汽车、校车、危险物品运输车辆在高速公路、城市快速路上行驶超过规定时速未达20％的，记6分；

③驾驶中型以上载客载货汽车、校车、危险物品运输车辆在高速公路、城市快速路以外的道路上行驶或者驾驶其他机动车行驶超过规定时速20%以上未达到50%的，记6分；

④驾驶中型以上载客载货汽车、危险物品运输车辆在高速公路、城市快速路以外的道路上行驶或者驾驶其他机动车行驶超过规定时速未达20%的，记3分。

　　《刑法》规定：从事旅客运输、校车运输业务，严重超过规定时速行驶的处拘役，并处罚金。

十次事故九次快！

7. 超载

①驾驶货车载物超过核定载质量30%以上或者违反规定载客的，记6分；

②驾驶货车载物超过核定载质量未达30%的，记3分。

生命不能承受之重！

8. 违反交通信号灯与标志标线

①驾驶机动车违反道路交通信号灯通行的，记6分；

②驾驶机动车违反禁令标志、禁止标线指示的，记3分。

停车让行　　减速让行　　禁止通行　　禁止驶入　　禁止鸣喇叭

同向车行道分界实线　　导流线　　导流线

该停就停，该让就让！

9. 疲劳驾驶

①连续驾驶中型以上载客汽车、危险物品运输车辆超过4小时未停车休息或者停车休息时间少于20分钟的，记12分；

②连续驾驶中型以上载客汽车、危险物品运输车辆以外的机动车超过4小时未停车休息或者停车休息时间少于20分钟的，记6分。

累了，就歇歇吧！

10. 高速公路行车

①驾驶机动车在高速公路上倒车、逆行、穿越中央分隔带掉头的，记12分；

②驾驶营运客车在高速公路车道内停车的，记12分；

③驾驶营运客车以外的机动车在高速公路车道内停车的，记6分；

④驾驶机动车在高速公路或者城市快速路上违法占用应急车道行驶的，记6分；

⑤低能见度气象条件下，驾驶机动车在高速公路上不按规定行驶的，记6分；

⑥驾驶机动车在高速公路上行驶低于规定最低时速的，记3分；

⑦驾驶禁止驶入高速公路的机动车驶入高速公路的，记3分；

⑧驾驶机动车在高速公路或者城市快速路上不按规定车道行驶的，记3分；

⑨驾驶机动车在高速公路或者城市快速路上行驶时，驾驶人未按规定系安全带的，记2分。

高速公路上行车要谨慎！

11. 关爱校车

①驾驶机动车不按照规定避让校车的，记6分；

②不按照规定为校车配备安全设备，或者不按照规定对校车进行安全维护的，记2分；

③驾驶校车运载学生，不按照规定放置校车标牌、开启校车标志灯，或者不按照经审核确定的线路行驶的，记2分；

④校车上下学生，不按照规定在校车停靠站点停靠的，记2分；

⑤校车未运载学生上道路行驶，使用校车标牌、校车标志灯和停车指示标志的，记2分；

⑥驾驶校车上道路行驶前，未对校车车况是否符合安全技术要求进行检查，或者驾驶存在安全隐患的校车上道路行驶的，记2分；

⑦在校车载有学生时给车辆加油，或者在校车发动机引擎熄灭前离开驾驶座位的，记2分。

校车安全系万家！

12. 妥善处理交通事故

①造成交通事故后逃逸，尚不构成犯罪的，记12分；

②在道路上车辆发生故障、事故停车后，不按规定使用灯光和设置警告标志的，记3分。

遇到事故不要慌！

13. 文明礼让

①驾驶机动车行经人行横道，不按规定减速、停车、避让行人的，记3分；

②驾驶机动车不按规定超车、让行的，或者逆向行驶的，记3分；

③驾驶机动车行经交叉路口不按规定行车或者停车的，记2分；

④驾驶机动车有拨打、接听手持电话等妨碍安全驾驶的行为的，记2分；

⑤驾驶机动车遇前方机动车停车排队或者缓慢行驶时，借道超车或者占用对面车道、穿插等候车辆的，记2分；

⑥驾驶机动车不按规定使用灯光的，记1分；

⑦驾驶机动车不按规定会车的，记1分。

礼让是美德，车品看人品！

14. 其他记分项

①驾驶机动车运载超限的不可解体的物品，未按指定的时间、路线、速度行驶或者未悬挂明显标志的，记6分；

②驾驶机动车载运爆炸物品、易燃易爆化学物品以及剧毒、放射性等危险物品，未按指定的时间、路线、速度行驶或者未悬挂警示标志并采取必要的安全措施的，记6分；

③驾驶机动车违反规定牵引挂车的，记3分；

④上道路行驶的机动车未按规定定期进行安全技术检验的，记3分；

⑤驾驶二轮摩托车，不戴安全头盔的，记2分；

⑥驾驶机动车载货长度、宽度、高度超过规定的，记1分。

遵守交通法规，共建和谐社会！

四、通讯录

通　讯　录

姓　名	座机/手机	QQ/微信

五、2019年日历

一月

一	二	三	四	五	六	日
31 廿六	元旦 廿七	2 廿八	3 廿八	4 廿九	5 小寒	6 初一
7 初二	8 初三	9 初四	10 初五	11 初六	12 初七	13 腊八节
14 初九	15 初十	16 十一	17 十二	18 十三	19 十四	20 大寒
21 十六	22 十七	23 十八	24 十九	25 廿一	26 廿一	27 廿二
28 小年	29 廿五	30 廿六	31 廿六	1 廿七	2 廿八	3 廿九

二月

一	二	三	四	五	六	日
28 廿四	29 廿五	30 廿六	31 廿七	1 腊月	2 廿八	3 廿九
4 除夕	5 春节	6 初二	7 初三	8 初四	9 初五	10 初六
11 初七	12 初八	13 初九	14 情人节	15 十一	16 十二	17 十三
18 十四	19 元宵节	20 十六	21 十七	22 十八	23 十九	24 二十
25 廿一	26 廿二	27 廿三	28 廿四	1 廿五	2 廿六	3 廿七

三月

一	二	三	四	五	六	日
25 廿一	26 廿二	27 廿三	28 廿四	1 廿五	2 廿六	3 廿七
4 廿八	5 廿九	6 惊蛰	7 初一	8 妇女节	9 初三	10 初四
11 初五	12 植树节	13 初七	14 初八	15 消费者…	16 初十	17 十一
18 十二	19 十三	20 十四	21 春分	22 十六	23 十七	24 十八
25 十九	26 二十	27 廿一	28 廿二	29 廿三	30 廿四	31 廿五

四月

一	二	三	四	五	六	日
1 愚人节	2 廿七	3 廿八	4 廿九	5 清明	6 初二	7 初三
8 初四	9 初五	10 初六	11 初七	12 初八	13 初九	14 初十
15 十一	16 十二	17 十三	18 十四	19 十五	20 谷雨	21 十七
22 地球日	23 十九	24 二十	25 廿一	26 廿二	27 廿三	28 廿四
29 廿五	30 廿六	1 廿七	2 廿八	3 廿九	4 三十	5 四月

五月

一	二	三	四	五	六	日
29 廿五	30 廿六	1 劳动节	2 廿八	3 廿九	4 青年节	5 初一
6 立夏	7 初三	8 初四	9 初五	10 初六	11 初七	12 母亲节
13 初九	14 初十	15 十一	16 十二	17 博物馆日	18 十四	19 十五
20 小满	21 小满	22 十八	23 十九	24 二十	25 廿一	26 廿二
27 廿三	28 廿四	29 廿五	30 廿六	31 儿童节	1 廿八	2 廿九

六月

一	二	三	四	五	六	日
27 廿三	28 廿四	29 廿五	30 廿六	31 廿七	1 儿童节	2 廿九
3 五月	4 初二	5 环境日	6 芒种	7 端午节	8 初六	9 初七
10 初八	11 初九	12 初十	13 十一	14 十二	15 十三	16 父亲节
17 十五	18 十六	19 十七	20 十八	21 夏至	22 二十	23 奥林匹…
24 廿二	25 廿三	26 廿四	27 廿五	28 廿六	29 廿七	30 廿八

七月

一	二	三	四	五	六	日
1 建党节	2 三十	3 初一	4 初二	5 初三	6 初四	7 小暑
8 初六	9 初七	10 初八	11 初九	12 初十	13 十一	14 十二
15 十三	16 十四	17 十五	18 十六	19 十七	20 二十	21 廿一
22 二十	23 大暑	24 廿二	25 廿三	26 廿四	27 廿五	28 廿六
29 廿七	30 廿八	31 廿九	1 七月	2 初二	3 初三	4 初四

八月

一	二	三	四	五	六	日
29 廿七	30 廿八	31 廿九	1 建军节	2 初二	3 初三	4 初四
5 初五	6 初六	7 七夕节	8 立秋	9 初九	10 初十	11 十一
12 十二	13 十三	14 十四	15 中元节	16 十六	17 十七	18 十八
19 十九	20 二十	21 廿一	22 处暑	23 廿三	24 廿四	25 廿五
26 廿六	27 廿七	28 廿八	29 廿九	30 初一	31 初二	1 初三

九月

一	二	三	四	五	六	日
26 廿六	27 廿七	28 廿八	29 廿九	30 三十	31 八月	1 初三
2 初四	3 初五	4 初六	5 初七	6 初八	7 初九	8 白露
9 初一	10 教师节	11 十三	12 十四	13 中秋节	14 十六	15 十七
16 十八	17 十九	18 二十	19 廿一	20 廿二	21 廿三	22 廿四
23 秋分	24 廿六	25 廿七	26 廿八	27 廿九	28 三十	29 初一
30 初二	1 国庆节	2 初四	3 初五	4 初六	5 初七	6 初八

十月

一	二	三	四	五	六	日
30 初二	1 国庆节	2 初四	3 初五	4 初六	5 初七	6 初八
7 重阳节	8 寒露	9 十一	10 十二	11 十三	12 十四	13 十五
14 十六	15 十七	16 十八	17 十九	18 二十	19 廿一	20 廿二
21 廿三	22 廿四	23 霜降	24 廿六	25 廿七	26 廿八	27 廿九
28 寒衣节	29 初二	30 初三	31 初四	1 初五	2 初六	3 初七

十一月

一	二	三	四	五	六	日
28 初一	29 初二	30 初三	31 初四	1 初五	2 初六	3 初七
4 初八	5 初九	6 初十	7 十一	8 立冬	9 十三	10 十四
11 下元节	12 十六	13 十七	14 十八	15 十九	16 二十	17 学生日
18 廿二	19 廿三	20 廿四	21 廿五	22 小雪	23 廿七	24 廿八
25 廿九	26 三十	27 十一月	28 感恩节	29 初三	30 初五… 义遗反订	

十二月

一	二	三	四	五	六	日
25 廿九	26 三十	27 十一月	28 初二	29 初三	30 初四	1 艾滋病日
2 全国交通安全日	3 初七	4 初八	5 初九	6 初十	7 十一	8 十二
9 十三	10 十四	11 十五	12 十六	13 十七	14 十八	15 二十
16 廿一	17 廿二	18 廿三	19 廿四	20 廿五	21 廿六	22 冬至
23 廿八	24 平安夜	25 圣诞节	26 初一	27 初二	28 初三	29 初四
30 初五	31 初六	1 元旦	2 初八	3 初九	4 初十	5 十一

六、2020年日历

一月

一	二	三	四	五	六	日
30 初六	31 初七	1 元旦 初八	2 腊八节	3 初十	4 十一	5 十二
6 小寒	7 十三	8 十四	9 十五	10 十六	11 十七	12 十八
13 十九	14 二十	15 廿一	16 廿二	17 小年	18 廿四	19 廿五
20 大寒	21 廿七	22 廿八	23 除夕	24 春节	25 初二	26 初二
27 初三	28 初四	29 初五	30 初六	31 初七	1	2

二月

一	二	三	四	五	六	日
27 初三	28 初四	29 初五	30 初六	31 初七	1 初八	2 雨水地日
3 初十	4 立春	5 十二	6 十三	7 十四	8 元宵节	9 十六
10 十七	11 十八	12 十九	13 二十	14 情人节	15 廿二	16 廿三
17 廿四	18 廿五	19 雨水	20 廿七	21 廿八	22 廿九	23 初一
24 龙头节	25 初三	26 初四	27 初五	28 初六	29 初七	1

三月

一	二	三	四	五	六	日
24 初二	25 初三	26 初四	27 初五	28 初六	29 初七	1 初八
2 初九	3 初十	4 十一	5 惊蛰	6 十三	7 十四	8 妇女节
9 十六	10 十七	11 植树节	12 十九	13 二十	14 廿一	15 消费者…
16 廿三	17 廿四	18 廿五	19 廿六	20 春分	21 廿八	22 廿九
30 三十	31 初一	1 初二	2 初三	3 初四	4 初五	5 初六
30 初七	31 初八	1	2	3	4	5

四月

一	二	三	四	五	六	日
30 初七	31 初八	1 愚人节 初九	2 初十	3 十一	4 清明	5 十三
6 十四	7 十五	8 十六	9 十七	10 十八	11 十九	12 二十
13 廿一	14 廿二	15 廿三	16 廿四	17 谷雨	18 廿六	19 廿七
20 廿八	21 廿九	22 地球日	23 初一	24 初二	25 初三	26 初四
27 初五	28 初六	29 初七	30 初八	1	2	3

五月

一	二	三	四	五	六	日
27 初五	28 初六	29 初七	30 初八	1 劳动节	2 初十	3 十一
4 青年节	5 立夏	6 十四	7 十五	8 十六	9 十七	10 母亲节
11 十九	12 护士节	13 廿一	14 廿二	15 廿三	16 廿四	17 廿五
18 博物馆日	19 廿七	20 小满	21 廿九	22 三十	23 初二	24 初二
25 初三	26 初四	27 初五	28 初六	29 初七	30 初八	31 初九

六月

一	二	三	四	五	六	日
1 儿童节	2 十一	3 十二	4 十三	5 环境日	6 十五	7 十六
8 十七	9 十八	10 十九	11 二十	12 廿一	13 廿二	14 廿三
15 廿四	16 廿五	17 廿六	18 廿七	19 廿八	20 廿九	21 父亲节
22 初二	23 禁毒日	24 初四	25 端午节	26 初六	27 初七	28 初八
29 初九	30 初十	1 建党节	2	3	4	5

七月

一	二	三	四	五	六	日
29 初九	30 初十	1 建党节	2 十二	3 十三	4 十四	5 十五
6 小暑	7 十七	8 十八	9 十九	10 二十	11 廿一	12 廿二
13 廿三	14 廿四	15 廿五	16 廿六	17 廿七	18 廿八	19 廿九
20 三十	21 初一	22 大暑	23 初三	24 初四	25 初五	26 初六
27 初七	28 初八	29 初九	30 初十	31 十一	1	2

八月

一	二	三	四	五	六	日
27 初七	28 初八	29 初九	30 初十	31 十一	1 建军节	2 十三
3 十四	4 十五	5 十六	6 十七	7 立秋	8 十九	9 二十
10 廿一	11 廿二	12 廿三	13 廿四	14 廿五	15 廿六	16 廿七
17 廿八	18 廿九	19 初一	20 初二	21 初三	22 处暑	23 初五
24 七夕节	25 初八	26 初九	27 初十	28 十一	29 十二	30 十三
31 十三						

九月

一	二	三	四	五	六	日
31 十三	1 十四	2 中元节	3 十六	4 十七	5 十八	6 十九
7 白露	8 廿一	9 廿二	10 教师节	11 廿四	12 廿五	13 廿六
14 廿七	15 廿八	16 廿九	17 初一	18 初二	19 初三	20 初四
21 初五	22 秋分	23 初七	24 初八	25 初九	26 初十	27 十一
28 十二	29 十三	30 十四	1	2	3	4

十月

一	二	三	四	五	六	日
28 十二	29 十三	30 十四	1 国庆节	2 十六	3 十七	4 十八
5 十九	6 二十	7 廿一	8 寒露	9 廿三	10 廿四	11 廿五
12 廿六	13 廿七	14 廿八	15 廿九	16 三十	17 初一	18 初二
19 初三	20 青年…	21 初五	22 初六	23 霜降	24 初八	25 重阳节
26 初十	27 十一	28 十二	29 十三	30 十四	31 十五	1

十一月

一	二	三	四	五	六	日
26 初十	27 十一	28 十二	29 十三	30 十四	31 十五	1 十六
2 十七	3 十八	4 十九	5 二十	6 廿一	7 立冬	8 十三
9 廿四	10 廿五	11 廿六	12 廿七	13 廿八	14 廿九	15 寒衣节
16 初二	17 学生日	18 初四	19 初五	20 初六	21 初七	22 小雪
30 十六						
23 初九	24 初十	25 十一	26 感恩节	27 十三	28 十四	29 十五

十二月

一	二	三	四	五	六	日
30 十六	1 艾滋病日 十七	2 全国交通安全日	3 十九	4 二十	5 廿一	6 廿二
7 大雪	8 廿四	9 廿五	10 廿六	11 廿七	12 廿八	13 廿九
14 三十	15 十一	16 十二	17 初三	18 初四	19 初五	20 初六
21 冬至	22 初八	23 初九	24 平安夜	25 圣诞节	26 十二	27 十三
28 十四	29 十五	30 十六	31 十七	1	2	3

七、2021年日历

一月

一	二	三	四	五	六	日
28 廿七	29 廿八	30 廿九	31 三十	1 元旦	2 十九	3 二十
4 廿一	5 小寒	6 廿三	7 廿四	8 十五	9 廿六	10 廿七
11 廿八	12 廿九	13 初一	14 初二	15 初三	16 初四	17 初五
18 初六	19 腊八节	20 大寒	21 初十	22 十一	23 十二	24 十三
25 十三	26 十四	27 十五	28 十六	29 十七	30 十八	31 十九

二月

一	二	三	四	五	六	日
1 二十	2 龙抬头	3 立春	4 小年	5 廿四	6 廿五	7 廿六
8 廿七	9 廿八	10 廿九	11 除夕	12 春节	13 初二	14 情人节
15 初四	16 初五	17 初六	18 雨水	19 初八	20 初九	21 初十
22 十一	23 十二	24 十三	25 十四	26 元宵节	27 十六	28 十七

三月

一	二	三	四	五	六	日
1 十八	2 十九	3 二十	4 惊蛰	5 廿二	6 廿三	7 廿四
8 妇女节	9 廿六	10 廿七	11 廿八	12 植树节	13 三十	14 龙头节
15 消费者	16 初四	17 初五	18 初六	19 初七	20 春分	21 初九
22 初十	23 十一	24 十二	25 十三	26 十四	27 十五	28 十六
29 十七	30 十八	31 十九	1 愚人节	2 廿一	3 廿二	4 清明

四月

一	二	三	四	五	六	日
29 十七	30 十八	31 十九	1 愚人节	2 廿一	3 廿二	4 清明
5 廿四	6 廿五	7 廿六	8 廿七	9 廿八	10 廿九	11 三十
12 初一	13 初二	14 初三	15 初四	16 初五	17 初六	18 初七
19 初八	20 谷雨	21 初十	22 地球日	23 十二	24 十三	25 十四
26 十五	27 十六	28 十七	29 十八	30 十九	1 廿	2 廿

五月

一	二	三	四	五	六	日
26	27	28	29	30	1 劳动节	2
3	4 青年节	5 立夏	6	7	8	9 母亲节
10	11	12 护士节	13	14	15	16
17	18 博物馆日	19	20	21 小满	22	23
24	25	26	27	28	29	30
31						

六月

一	二	三	四	五	六	日
31	1 儿童节	2	3	4	5 环境日	6
7	8	9	10	11	12	13
14 端午节	15	16	17	18	19	20 父亲节
21 夏至	22	23	24 奥林匹	25	26	27
28	29	30	1 建党节	2	3	4

七月

一	二	三	四	五	六	日
28	29	30	1 建党节	2	3	4
5	6	7 小暑	8	9	10	11
12	13	14	15	16	17	18
19	20	21 大暑	22	23	24	25
26	27	28	29	30	31	1 建军节

八月

一	二	三	四	五	六	日
26	27	28	29	30	31	1 建军节
2	3	4	5	6	7 立秋	8
9	10	11	12	13	14 七夕节	15
16	17	18	19	20	21	22 中元节
23 处暑	24	25	26	27	28	29
30	31	1	2	3	4	5

九月

一	二	三	四	五	六	日
30	31	1	2	3	4	5
6	7 白露	8	9	10 教师节	11	12
13	14	15	16	17	18	19
20	21 中秋节	22	23 秋分	24	25	26
27	28	29	30	1 国庆节	2	3

十月

一	二	三	四	五	六	日
27	28	29	30	1 国庆节	2	3
4	5	6	7	8 寒露	9	10
11	12	13	14 重阳节	15	16	17
18	19	20	21	22	23 霜降	24
25	26	27	28	29	30	31

十一月

一	二	三	四	五	六	日
1	2	3	4	5	6	7 立冬
8	9	10	11	12	13	14
15	16	17	18	19 下元节	20	21
22 小雪	23	24	25	26 感恩节	27	28
29	30	1	2 全国交通安全日	3	4	5

十二月

一	二	三	四	五	六	日
29	30	1 艾滋病日	2 全国交通安全日	3	4	5
6	7 大雪	8	9	10	11	12
13	14	15	16	17	18	19
20	21 冬至	22	23	24 平安夜	25 圣诞节	26
27	28	29	30	31	1 元旦	2